ÉTUDE

D'UN NOUVEAU SYSTÈME

DE

LOCOMOTIVE ROUTIÈRE

PAR

FRANÇOIS CHAMOUSSET

INGÉNIEUR MÉCANICIEN

CHAMBÉRY

IMPRIMERIE D'ALBERT BOTTERO

51, place Saint-Léger, 51

1871

FRANÇOIS CHAMOUSSET
ingénieur mécanicien
place Saint-Léger, numéro 65,
Chambéry.

C.

CHAMBÉRY

ÉTUDE

D'UN NOUVEAU SYSTÈME

DE

LOCOMOTIVE ROUTIÈRE.

CHAPITRE Ier.

EXPOSÉ DU SYSTÈME.

L'application de la force expansive de la vapeur, pour remorquer les marchandises et même les personnes sur les routes ordinaires, provoque depuis plus d'un siècle les recherches de tout homme qui voit dans cette application même le plus grand service qu'il soit possible de rendre à l'industrie.

Avant d'exposer la solution que nous donnons de ce problème, nous croyons utile d'analyser en quelques mots les solutions proposées. Ces solutions ne diffèrent, du reste, entre elles que par une multiplicité de détails, et ont toutes un même point de départ.

Dans toute locomotive construite ou proposée jusqu'à ce jour, les organes moteurs et la chaudière sont montés sur un même châssis, porté par deux roues motrices et une ou deux roues porteuses et directrices; le mécanisme qui actionne les roues directrices varie à l'infini.

De tous ces systèmes aucun n'est resté et ne restera, parce qu'ils possèdent des chaudières trop petites, dont on ne peut augmenter les dimensions sans dépasser la limite de résistance à l'écrasement des routes.

Quant au défaut de puissance de tous ces systèmes, *dont la cause tient à l'exiguité des chaudières*, quelques ingénieurs l'ont attribué à l'adhérence trop faible qu'on obtient en employant deux roues motrices seulement; aussi ont-ils imaginé de faire concourir à l'adhérence le poids d'un certain nombre de wagons, en y adaptant des cylindres supplémentaires.

Le système que nous allons étudier dans ce mémoire diffère des autres en ce que la chaudière, placée sur quatre roues porteuses, est complétement isolée des organes moteurs, qui, réunis sur un châssis spécial, forment le train moteur.

Pour en rendre l'étude plus facile, nous allons rappeler les rapports qui existent entre la puissance d'une locomotive, le poids et les dimensions de sa chaudière.

La puissance d'une locomotive routière est proportionnelle à la quantité de vapeur produite par sa chaudière dans l'unité de temps; cette quantité est elle-même proportionnelle à sa surface de chauffe, ou, ce qui revient au même, à ses dimensions, par conséquent à son poids.

Il est bien entendu que la chaudière dont il est question doit posséder une surface de chauffe maximum, sans cela ce que nous venons de dire ne serait pas exact.

La puissance d'une chaudière, ou la quantité de vapeur qu'elle produit, peut être utilisée de deux manières : soit en faisant remorquer à la machine une forte charge à une faible vitesse, soit lorsque l'adhérence des roues motrices n'est pas suffisante, en diminuant la charge à remorquer; et en augmentant la vitesse.

Il faut remarquer, en effet, que le travail de traction produit par chaque tour des roues motrices, ainsi que la quantité de vapeur dépensée pour produire ce travail, sont indépendants de la vitesse de rotation de ces roues; par conséquent la dépense de vapeur croît proportionnellement à la vitesse de la machine.

On peut conclure, d'après ce que nous venons de dire, que l'adhérence de deux roues motrices suffit à l'emploi de la vapeur produite par une chaudière, si grande que quatre roues porteuses puissent la porter; il suffit, comme nous venons de le dire, de donner à la machine une vitesse suffisante.

Nous voulons montrer, par ce qui précède, qu'en supposant que nous ne puissions pas, dans notre système, augmenter l'adhérence des roues motrices, en leur donnant un plus grand diamètre, il est du plus grand intérêt d'augmenter les dimensions de la chaudière, car cela permet toujours, si l'on ne peut augmenter le poids à remorquer, d'augmenter sa vitesse *d'une quantité qui correspond à l'augmentation des dimensions données à la chaudière*. Cette augmentation de vitesse est de la plus grande importance; car on a reconnu comme insuffisante la vitesse des locomotives construites jusqu'à présent.

Ces principes étant admis, nous allons décrire le nouveau type de locomotive routière qui fait l'objet de ce mémoire; ensuite nous analyserons les conditions de son fonctionnement.

6

Cette locomotive , que nous allons décrire , se compose de deux parties :

1º D'un train moteur ;

2º D'une chaudière montée sur quatre roues porteuses.

CHAPITRE II.

DESCRIPTION DE LA MACHINE.

§ 1er.

TRAIN MOTEUR.

Deux cylindres moteurs (C), fixés sur les longerons (A) du châssis, reçoivent la vapeur de la chaudière, et, par l'intermédiaire de leurs pistons et des bielles, communiquent le mouvement de rotation à l'arbre coudé (E); ce même arbre porte à ses deux extrémités, et en dehors du châssis, deux roues dentées (K), qui transmettent leur mouvement aux roues motrices (D) par l'intermédiaire de deux couronnes dentées (K'), fixées sur chacune d'elles. Les roues motrices (D) sont montées sur les fusées d'un essieu (F); cet essieu, relié au châssis par deux ressorts (N), peut osciller verticalement dans les plaques de garde des longerons (A) de ce châssis.

L'appareil de changement de direction n'a rien qui le distingue essentiellement des autres. Nous l'avons représenté sur notre dessin plutôt pour montrer la position qu'il doit

occuper, que pour en donner les détails, car la place dont
on dispose permet de lui donner les formes et la disposition
qui conviennent le mieux à ses fonctions.

Les tringles et les leviers de changement de marche sont
représentés seulement par les axes (x), afin de ne pas sur-
charger le dessin.

Le tablier (B), relié au châssis par des fers plats (s), est
destiné à recevoir une partie des marchandises à transporter ; le poids de ces marchandises est le complément du poids
qu'il faut ajouter à celui du train moteur, pour produire l'a-
dhérence nécessaire à la traction.

§ 2.

CHAUDIÈRE.

La chaudière (T) est en tout semblable aux chaudières
des locomotives de chemins de fer; elle est tubulaire; la
boîte à feu, le dôme de prise de vapeur, offrent une disposition semblable à celle des chaudières précitées. Comme
les machines tenders, elle porte son charbon et son eau.

L'avant-train de la chaudière que nous allons décrire doit
être combiné de manière à ce que la chaudière puisse suivre
le train-moteur, soit dans des courbes de petits rayons, soit
lorsque celui-ci est dans un plan différent de celui de la
chaudière, tout en communiquant la vapeur aux cylindres.

Cet avant-train est ainsi composé : un plateau (a), soli-
dement relié à la chaudière par une forte tôle (b) et par
une autre (k), porte une gorge rectangulaire dans laquelle
est chapelé un collier (e); ce collier est composé de deux

parties, réunies entre elles par deux boulons; chacune de ces parties porte un tourillon (v); le collier (c) peut tourner librement dans la gorge rectangulaire du plateau (a). Les extrémités des deux branches d'une fourche (c) viennent s'articuler sur les tourillons (v) du collier (c), autour desquels cette fourche peut osciller verticalement. L'extrémité de la tige de la fourche (e) s'articule à une chape (d), fixée sur la traverse arrière du châssis du train-moteur; cette fourche peut osciller dans le plan horizontal autour du boulon qui la relie à la chape (d). On peut appeler la fourche (e) *fourche de traction*, car c'est par elle que le train-moteur remorque la chaudière et tous les autres wagons qui sont à sa suite. La cheville-ouvrière (q) de cet avant-train se trouve fixée sur l'essieu (H) et s'engage dans le centre du plateau (a); c'est par elle que l'essieu (H) est entraîné, contrairement à ce qui se fait d'habitude dans les voitures ordinaires. Cette disposition offre une plus grande solidité, car il ne s'agit pas seulement de remorquer la chaudière, mais encore tous les wagons qu'elle traîne à sa suite.

L'essieu (H) porte en outre une fourche (V), dont les deux branches sont reliées par une chape rectangulaire; cette chape embrasse la tige de la fourche (e) dans laquelle celle-ci peut osciller verticalement; lorsqu'il s'agit de tourner, la fourche (e) entraîne l'essieu (H) par l'intermédiaire de la fourche (V), et l'oblige à rester perpendiculaire au plan vertical dans lequel se trouve le sens de la traction.

La disposition des ressorts (r) de suspension est ici la même que dans les voitures ordinaires.

Il nous reste à décrire comment la vapeur est amenée de la chaudière aux cylindres, et comment elle retourne des cylindres dans la boîte à fumée pour y produire le tirage.

Un tuyau (Q), à l'origine duquel se trouve un régulateur, sort de la chaudière, longe les parois de la boîte à fumée, passe de là dans une boîte rectangulaire (S), en traversant une tôle (*t*) qui termine la boîte à fumée. Ce tuyau (Q) est joint à un tuyau en caoutchouc (X), qui possède au milieu de sa longueur un joint permettant de séparer plus facilement la chaudière du train-moteur, lorsque des réparations rendent la chose nécessaire ; ce tuyau (X) amène la vapeur jusqu'à la culotte (P), qui la distribue aux cylindres.

Il est à remarquer que le joint qui unit d'une part, le tuyau (Q) au tuyau (X), et que celui qui unit la culotte (P) au même tuyau, doivent se trouver, le premier sur le prolongement de l'axe de la cheville-ouvrière, le second sur le prolongement de l'axe du boulon de la chape (d). En adoptant cette disposition, le tuyau (X) de caoutchouc conserve toujours la même longueur lorsque les plans de symétrie du train-moteur et de la chaudière font en eux un certain angle aux passages des courbes.

Le tuyau (X) est armé de fils d'acier, ce qui lui permet de résister à de fortes pressions.

Il faut donner au tuyau dont nous venons de parler une longueur un peu plus grande que la distance qui sépare ses deux joints extrêmes, afin de répartir sur une plus grande longueur l'extension et la compression qu'éprouvent, au passage des courbes de petits rayons, les génératrices situées près du plan horizontal passant par son axe, et d'éviter ainsi une déformation trop grande qui pourrait amener la rupture du tuyau. Ce mode de transmission de la vapeur est du reste usité dans certains types de locomotives de chemins de fer, pour donner de la vapeur à des cylindres situés sur le tender, dont on veut faire concourir le poids à l'adhérence.

Le renvoi de la vapeur, des cylindres dans la boîte à fumée, se fait comme il suit : une culotte (P') collectionne la vapeur échappée des deux cylindres, la transmet dans la tuyère (J) par l'intermédiaire du tuyau en caoutchouc (Y), pouvant aussi être armé de fils d'acier; la vapeur, en s'échappant de la tuyère dans la boîte à fumée, y produit le tirage, comme dans les locomotives ordinaires.

Nous devons faire remarquer que, quoique le tuyau (Y) ait des fonctions analogues à celles du tuyau (X), notre système nous oblige de donner au tuyau (Y) une disposition un peu différente, qui néanmoins satisfait entièrement aux conditions de son fonctionnement. Il est utile d'observer, en passant, que la pression qu'il doit supporter excède rarement une atmosphère et demie.

La porte (G) de la boîte à fumée est d'une seule pièce. Cette disposition permet d'y fixer la tuyère à demeure fixe. Lorsqu'on veut ramoner les tubes de la chaudière, on enlève complétement la porte (G), ainsi que la tuyère (J) qui y est fixée; on peut, pendant l'opération, entreposer le tout sur le tablier du train-moteur, ce que permet très bien la flexibilité du tuyau en caoutchouc (Y).

Le mode de fixation de la porte (G) sur la boîte à fumée peut être ou des verroux, ou des loquetaux, suivant les cas.

Maintenant que nous avons décrit les formes et montré la disposition des organes qui constituent notre système de machine, nous allons déduire les avantages qui résultent de cette disposition.

CHAPITRE III.

AVANTAGES DU SYSTÈME.

§ Ier.

CHAUDIÈRE.

Dimensions. — Nous avons dit, au commencement de ce mémoire, que le manque de puissance était le vice radical des locomotives existantes, et qu'il avait pour cause l'impossibilité, où l'on se trouvait, de donner aux chaudières de ces locomotives de grandes dimensions.

La séparation de la chaudière et du train-moteur permet d'augmenter les dimensions de la chaudière *d'une quantité dont le poids qui y correspond est égal à celui de tout l'attirail-moteur.*

Le poids de l'attirail-moteur varie peu dans chaque système; il se compose ordinairement de deux cylindres, d'un appareil de changement de marche, d'un changement de direction, de bielles motrices, de roues d'engrenages, d'un arbre coudé, et, si les cylindres ont un petit volume, d'un second arbre et de roues intermédiaires, de roues motrices qui sont beaucoup plus pesantes que des roues porteuses, puis enfin d'un châssis sur lequel se trouvent montés tous les organes du mouvement; ce châssis, devant offrir une grande solidité, est forcément d'un grand poids. Le poids des pièces que nous venons d'énumérer constitue, à peu de chose près, la moitié du poids total d'une locomotive.

Nous pouvons donc augmenter du double le poids de notre chaudière, et, par conséquent, augmenter ses dimensions ou sa puissance d'une quantité qui correspond à ce poids, sans pour cela dépasser la limite à l'écrasement des routes ordinaires.

Augmentation de la surface de chauffe directe. — L'augmentation de puissance de notre système de locomotive ne résulte pas seulement de l'augmentation des dimensions de la chaudière, mais encore de la facilité que l'on a de donner à la surface de chauffe directe de cette chaudière *une grandeur maximum* et la disposition qui convient le mieux à la bonne utilisation du combustible.

Dans les autres systèmes, la position que doivent occuper certains organes, tels que arbre coudé et essieu de roues motrices, ne permet pas de donner à la boîte à feu une grandeur suffisante. Une grande boîte à feu intérieure et une grande grille permettent encore de réduire l'épaisseur du combustible ; cette réduction d'épaisseur rend le tirage plus facile et la combustion plus complète.

Suspension de la chaudière. — La chaudière étant isolée de tout organe de traction, peut être suspendue sur ses roues porteuses d'une manière plus sensible ; il résulte de cette disposition que les chocs et les trépidations que peut éprouver la chaudière dans sa marche sont considérablement diminués ; ces chocs et ces trépidations ont pour conséquences nuisibles de tasser le combustible sur la grille, ce qui rend le tirage plus difficile, et l'on sait à quel prix on l'obtient dans les locomotives ; cette disposition a en outre pour résultat de diminuer l'entraîne d'eau par la vapeur ; pour

apprécier à sa juste valeur l'absorption de travail produit
par cet entraînement d'eau, nous renvoyons le lecteur au
Guide du mécanicien-constructeur.

RÉSUMÉ. — Avant de passer à l'étude du train-moteur,
nous résumons ainsi les avantages qui résultent pour la
chaudière de son isolement de tout organe moteur :

1º Augmentation des dimensions de la chaudière d'une
quantité dont le poids qui y correspond est égal à celui de
tout l'attirail moteur ;

2º Possibilité de donner à la surface de chauffe directe une
grandeur maximum ;

3º Tirage rendu plus facile ;

4º Diminution de l'entraînement d'eau par la vapeur.

§ 2.

TRAIN-MOTEUR.

Le poids du train-moteur produit une adhérence suffisante
pour remorquer la chaudière et les wagons vides qui sont
à sa suite ; mais cette adhérence n'est plus suffisante lorsque
ceux-ci sont chargés ; aussi le tablier (B) est destiné à recevoir une partie des marchandises à transporter, dont le
poids produit l'adhérence nécessaire à la traction.

En substituant ainsi, sur le train-moteur, des marchandises qui peuvent épouser une forme quelconque, à une
chaudière qui doit avoir une forme déterminée, on a toute la
latitude possible pour donner aux organes du mouvement la

disposition et les dimensions qui conviennent le mieux à la meilleure utilisation du travail de la vapeur.

Augmentation du volume des cylindres. — L'augmentation du volume des cylindres est de la plus grande importance dans le genre des machines qui nous occupe, car elle permet : 1° de mieux utiliser le travail de la vapeur, en marchant à une plus grande détente, ce qui diminue aussi la contre-pression ; 2° de réduire d'autant le nombre de coups de piston par minute ; cette réduction a pour résultat de diminuer les résistances passives produites par l'inertie des organes du mouvement, et de soustraire ainsi ces mêmes organes aux chocs et aux vibrations, qui en déterminent l'usure rapide et souvent même la rupture.

La disposition à donner aux organes doit être aussi simple que possible ; celle que la séparation de la chaudière du train-moteur nous a permise d'adopter est *irréductible*.

Stabilité. — Une des principales causes d'insuccès d'un bon nombre de locomotives routières a été leur manque de stabilité.

Les divers mouvements de galop, de roulis et de tangage, sont principalement produits par le mauvais entretien des routes ; mais le mouvement de lacet, qui est, entre tous, celui qui compromet le plus la stabilité de ces machines, est dépendant de la position qu'occupent les cylindres sur le châssis.

Sans entrer ici dans une analyse mathématique des causes de ces divers mouvements, nous dirons seulement que le mouvement de lacet est d'autant moins grand que les cylindres sont plus rapprochés du plan médian du train-moteur.

Dans notre système, si la stabilité l'exigeait, on pourrait les rapprocher de ce plan davantage qu'ils ne le sont; en plaçant les boîtes à tiroir extérieurement, on peut les placer tangentes l'une à l'autre.

Diamètre des roues. — La position que nous avons donnée aux longerons du châssis au-dessous de l'essieu des roues motrices, permet d'augmenter le diamètre de celles-ci de toute la hauteur que ces longerons occuperaient sur l'essieu.

Cette augmentation du diamètre des roues a deux avantages :

1º De diminuer le frottement de roulement, car on sait que la grandeur de ce frottement est en raison inverse du diamètre;

2º De pouvoir augmenter la charge de ces roues, par conséquent leur adhérence, sans pour cela dépasser la limite de résistance des routes à l'écrasement.

En effet, le rapport qui existe entre la charge que peut supporter une roue et la grandeur de son diamètre est donné par la formule $P = a \sqrt{D}$.

P est le poids afférent à une roue;

a est un coefficient qui varie pour chaque route (pour les voies ferrées, ce coefficient est égal à cinq tonnes);

D est le diamètre de la roue.

On voit donc, d'après cette formule, que le poids que l'on peut faire supporter à une roue motrice, et par conséquent l'adhérence qui en résulte, est proportionnelle à la racine carrée du diamètre de cette roue.

Nous croyons utile d'ajouter que la stabilité de la machine et la solidité des roues doivent être les seules limites imposées à la grandeur de ce diamètre.

Poids mort. — Pour démontrer que dans notre système il n'y a pas de poids mort, il nous suffit de dire *que le poids total de la machine reste le même, que la chaudière soit indépendante ou non du train-moteur.* En effet, le travail dépensé pour remorquer les organes servant à la traction reste le même, que ces organes soient rassemblés sur le même châssis et portés par les mêmes roues, ou qu'ils soient répartis sur deux trains différents.

Il nous reste à dire, en terminant ce mémoire, que toutes les tentatives faites pour appliquer la vapeur d'une manière générale à la locomotive sur des voies non ferrées ont été sans résultat, et que, tant que l'on sera obligé de se servir de ce genre de moteur, l'on ne pourra jamais atteindre, avec les autres systèmes, la puissance que celui que nous venons d'étudier permet d'obtenir; aussi la solution de ce problème, que nous posons à l'examen du monde industriel, est, quel que soit l'accueil qui lui est réservé, la seule solution rationnelle et pratique qui décidera de l'existence de ce genre de machine.

Chambéry, le 3 juin 1871.

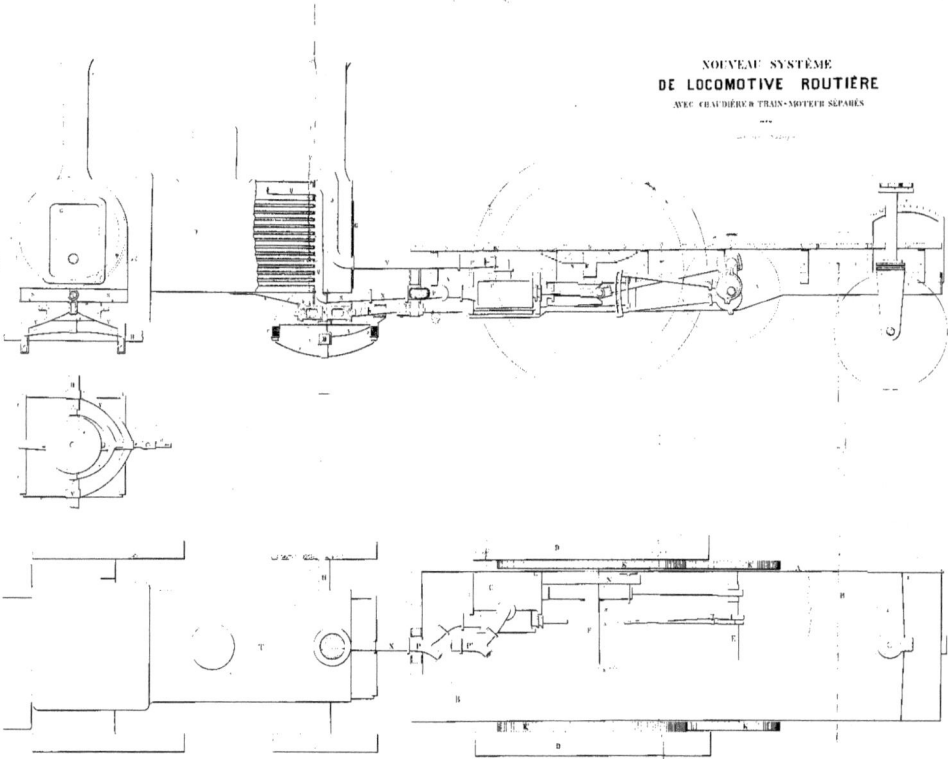

NOUVEAU SYSTÈME
DE LOCOMOTIVE ROUTIÈRE
AVEC CHAUDIÈRE & TRAIN-MOTEUR SÉPARÉS